Ernst Probst

Die
Wartberg-Kultur

Eine Kultur der Jungsteinzeit
vor etwa 3.500 bis 2.800 v. Chr.

Allen Prähistorikern und Prähistorikerinnen gewidmet,
die mich bei meinen Büchern über die Steinzeit unterstützt haben

Impressum:
Die Wartberg-Kultur
1. Auflage als Print-Buch: März 2019
Autor: Ernst Probst
Im See 11, 55246 Mainz-Kostheim
Telefon: 06134/21152
E-Mail: ernst.probst (at) gmx.de
Herstellung: Amazon Distribution GmbH, Leipzig
Alle Rechte vorbehalten
ISBN: 978-1-091-05455-4

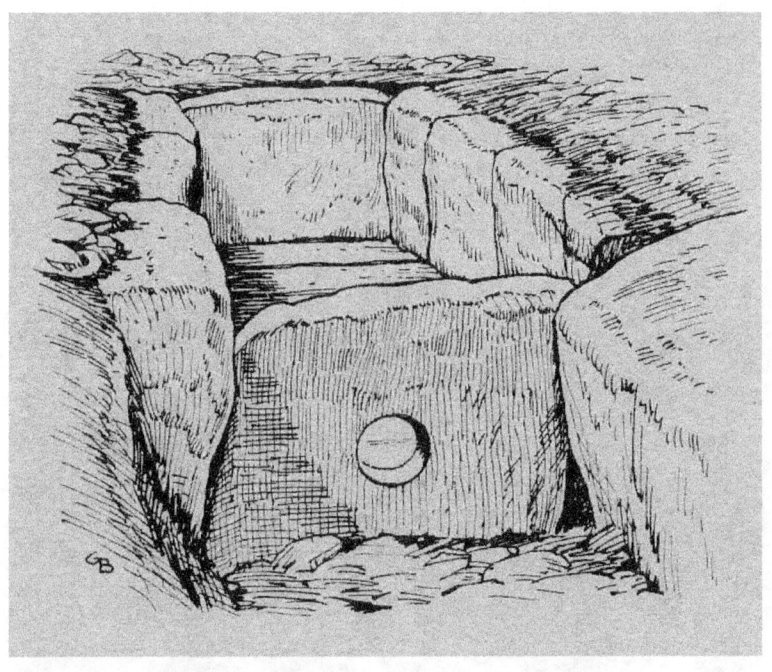

Steinkammergrab von Züschen in Nordhessen mit Seelenloch.
Zeichnung von Gerhard Beuthner (1867–nach 1935),
veröffentlicht in dem Erdal-Bilderbuch „Aus Deutschlands Vorzeit" (1937)
von Erich Lissner (1902–1980)

Abguss von einem Wandstein des Steinkammergrabes
von Züschen in Nordhessen mit Darstellung der „Dolmengöttin"
im „Regionalmuseum Fritzlar".
Foto: Einsamer Schütze / CC-BY-SA3.0 (via Wikimedia Commons),
lizensiert unter CreativeCommons-Lizenz by-sa-3.0-de,
https://creativecommons.org/licenses/by-sa/3.0/legalcode

Vorwort

Weshalb machte man sich die Mühe, auf Bergen und im Flachland mit Gräben, Wällen und Palisaden geschützte Siedlungen zu errichten? Musste man damals ständig Überfälle befürchten, bei denen Vorräte, Rinder und vielleicht sogar Frauen geraubt wurden? Aus welchem Grund hat man bis zu 25 Meter lange Steinkammergräber errichtet und darin im Laufe der Zeit bis zu mehr als 200 Verstorbene bestattet? Hat man an das Weiterleben im Jenseits geglaubt? Welche Aufgabe hatte das runde halbmetergroße „Seelenloch" am Eingang zu einer Grabkammer? Wie hat man die geheimnisvolle „Dolmengöttin" oder „Große Mutter" verehrt, die auf einem der Steine des Steinkammergrabes von Züschen in Nordhessen verewigt wurde? Mit diesen und anderen Fragen befasst sich das Taschenbuch „Die Wartberg-Kultur" des Wiesbadener Wissenschaftsautors Ernst Probst. Die Wartberg-Kultur (früher: Wartberg-Gruppe) ist nach einem durch Vulkanismus entstandenen, 306 Meter hohen Basaltkegel bei Niedenstein-Kirchberg in Nordhessen benannt. Sie existierte etwa von 3.500 bis 2.800 v. Chr. vor allem in Nordhessen, Ostwestfalen und Westthüringen. Aus der Feder von Ernst Probst stammt das Buch „Deutschland in der Steinzeit" (1991). Ab 2019 veröffentlichte er E-Books und Taschenbücher über einzelne Kulturstufen und Kulturen der Steinzeit.

Prähistoriker Hermann Müller-Karpe (1925–2013).
Foto: Philipps-Universität Marburg,
Fachbereich Altertumswissenschaften,
Vorgeschichtliches Seminar

Die Wartberg-Kultur

In Teilen von Hessen, Nordrhein-Westfalen und Thüringen hat zwischen etwa 3.500 und 2.800 v. Chr. die Wartberg-Kultur (früher auch Wartberg-Gruppe genannt) existiert. Sie war von Wiesbaden im Süden bis in die Warburger Börde im Norden verbreitet. In Thüringen sind in der Umgebung von Mühlhausen Siedlungsspuren dieser Kultur bekannt. In Hessen trat die Wartberg-Kultur die Nachfolge der Michelsberger Kultur (etwa 4.300 bis 3.500 v. Chr.) an. Offenbar existierten regionale Gruppen, die jeweils durchschnittlich etwa 30 Kilometer voneinander entfernt lebten.

Die Bezeichnung Wartberg-Gruppe, aus welcher der Begriff Wartberg-Kultur hervorging, hat zwei Väter. Der damals in Kassel tätige Prähistoriker Hermann Müller-Karpe (1925–2013) hat 1951 diesen Namen als erster verwendet. Er meinte damit jedoch nur die Siedlungen vom Wartberg bei Niedenstein-Kirchberg (Schwalm-Eder-Kreis) in Nordhessen. Dagegen benutzte der Prähistoriker Winrich Schwellnus diesen Begriff in seiner 1974 in Marburg verfassten, aber erst 1979 gedruckten Dissertation generell für Siedlungen mit Keramik nach der Art vom Wartberg.

Obwohl die Gräber der Wartberg-Kultur den megalithischen Steinkammergräbern der Trichterbecher-Kulur ähnelten, rechnet man sie nicht dieser Kultur zu. Bevor Winrich Schwellnus ihren Erbauern den Rang einer eigenen Gruppe einräumte, wurden sie unter den Begriffen Steinkisten-Kultur oder Steinkammergrab-Kultur zusammengefasst. Heute spricht man statt von Wartberg-Gruppe meist von Wartberg-Kultur.

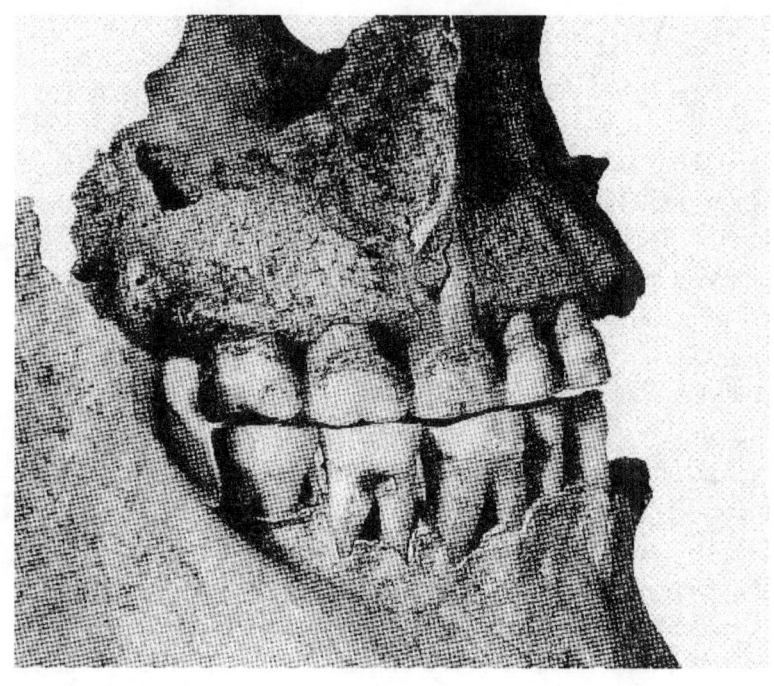

*Stark abgekautes Gebiss eiens Menschen aus dem Steinkammergrab
von Altendorf bei Naumburg (Kreis Kassel) in Nordhessen.
Foto: Osteologische Sammlung der Universität Tübingen*

Das biologische Erscheinungsbild der Wartberg-Leute ist gut bekannt, da in den Steinkammergräbern dieser Kulturstufe meist über 100 Bestattungen geborgen werden konnten. So waren im Steinkammergrab von Altendorf bei Naumburg (Kreis Kassel) in Nordhessen die allgemein sehr grazilen Männer 1,60 bis 1,63 Meter und die Frauen 1,51 bis 1,54 Meter groß. Das ermittelte der Tübinger Anthropologe Alfred Czarnetzki (1937–2013). Im Steinkammergrab Calden I (Kreis Kassel) erreichten die gegenüber Altendorf grobwüchsigen Männer eine Körpergröße von 1,62 bis 1,65 Meter und die Frauen von 1,50 bis 1,59 Meter. Auffällig an zahlreichen Skeletten sind stark ausladende Hinterköpfe, in Calden I außerdem die breiten Nasen.

Von den Angehörigen der Wartberg-Kultur starben knapp ein Drittel vor Erreichen des 20. Lebensjahres. Das durchschnittliche Sterbealter in Calden I betrug etwa 27 Jahre. Diese Menschen litten unter zahlreichen Krankheiten, die am Skelett ihre Spuren hinterließen. Dazu gehörten nach den Untersuchungen aus Altendorf und Calden I unter anderem ineinander gewachsene Hals- und Lendenwirbel, Wachstumsstillstände und Blutarmut (Anämie), die Verwachsung von Schien- und Wadenbein sowie verheilte Finger- und Zehenbrüche. Der Zustand ihrer Zähne war im Vergleich zu heute wesentlich besser. In Calden I wiesen nur vier Prozent aller Zähne Spuren von Karies auf. Erkrankungen im Bereich der Zahnwurzel und Zahnsteinbefall waren ebenfalls viel seltener als in der Gegenwart. Von Altendorf und anderen Orten kennt man allerdings stark abgekaute, aber auch krankhafte. hohle und von Zahnstein befallene Zähne.

Die Menschen der Wartberg-Kultur haben ihre Siedlungen gern auf Bergen errichtet. Spuren solcher Höhensiedlungen (Erd-

*Der Basaltkegel Wartberg südlich des Dorfes Kirchberg,
einem Stadtteil von Niedenstein, in Nordhessen.
Foto: Armin Schönewolf (via Wikimedia Commons),
Lizenz: gemeinfrei (Public domain)*

werke) entdeckte man außer auf dem namengebenden Wartberg auch auf dem Hasenberg bei Lohne unweit von Fritzlar (Schwalm-Eder-Kreis), auf dem Bürgel, Güntersberg und Odenberg bei Gudensberg (alle drei im Schwalm-Eder-Kreis), einem Berg bei Lohra (Kreis Marburg-Biedenkopf) und auf dem Plateau des Weißen Holzes bei Rimbeck (Kreis Höxter. Die Wahl solcher hochgelegener Standorte deutet auf ein gewisses Schutzbedürfnis und somit auf unruhige Zeiten hin. Es sei nicht verschwiegen, dass der Prähistoriker Christian Jeunesse die Erdwerke mit unterbrochenen Gräben der vorhergehenden Michelsberger Kultur als Versammlungsorte deutet.

Der Wartberg südlich des Dorfes Kirchberg, einem Stadtteil von Niedenstein, ist ein durch Vulkanismus entstandener 306 Meter hoher Basaltkegel in der Fritzlarer Börde. Auf dem Wartberg wurden bereits im 19. Jahrhundert immer wieder Probeschürfungen und kleinere Grabungen vorgenommen. Um 1856 grub der Sattler Knieriem aus Kirchberg auf dem Wartberg. Er verkaufte die Funde, bei denen es sich vor allem um Tierknochen handelte, an den Marburger Archivar Matthias Claudius (1822–1869). 1859 schürfte der Kasseler Archivar Georg Landau (1807–1865) auf dem Wartberg. 1861 nahm der erwähnte Professor Claudius eine Grabung vor. 1876 folgte eine Grabung des Direktors des „Museums Fridericianum" („heute: „Hessisches Landesmuseum") in Kassel, Eduard Pinder (1836–1890). 1905 forschte der Fuldaer Prähistoriker Joseph Vonderau (1863–1951) auf dem Wartberg. 1925 barg der Marburger Prähistoriker Walter Bremer (1887–1926) Funde aus einer Grube. 1960 grub der damals in Marburg wirkende Prähistoriker Gernot Jacob-Friesen auf dem Wartberg.

*Tönerne Kragenflaschen vom Wartberg bei Kirchberg,
einem Stadtteil von Niedenstein, in Nordhessen.
Foto: Athinaios in der Wikipedia auf Englisch / CC-BY-3.0
(via Wikimedia Commons),
lizensiert unter CreativeCommons-Lizenz by-3.0-en,
https://creativecommons.org/licenses/by/3.0/legalcode*

Auf dem Hasenberg bei Lohne unweit von Fritzlar glückten 1962 die ersten Funde. 1964 erfolgte eine Untersuchung durch die „Urgeschichtliche Arbeitsgemeinschaft Fritzlar" in Zusammenarbeit mit dem „Amt für Bodendenkmalpflege Marburg" (heute: „Landesamt für Denkmalpflege Hessen") und 1969 eine Untersuchung durch den Marburger Archäologiestudenten Winrich Schwellnus.

Im Bereich der Höhensiedlung auf dem Wartberg stieß man auf zertrümmerte Tierknochen, die vor allem von Rindern, Schweinen, Schafen, Ziegen, Pferden, Hirschen, Rehen, Bibern und Bären stammen. Angeblich entdeckte man auch zerschlagene menschliche Skelettreste. Ursprünglich vermutete man eine vorgeschichtliche Opferstätte am Wartberg. Angesichts zahlreicher Tonscherben und Resten von Wandbewurf geht man heute von einer Höhensiedlung aus.

Auf dem Bürgel bei Gudensberg, einem Vorsprung im Südosten des Schlossberges, fand man Spuren einer 60 Meter langen Palisade. Der Fundplatz auf dem Bürgel ist seit 1957 bekannt. 1960 nahm Gernot Jacob-Friesen eine Probegrabung vor. 1971 führte der Marburger Prähistoriker Rolf Gensen (1927–2010) wegen vorgesehener Bebauung eine Notgrabung durch. Auf dem Güntersberg gruben 1963 Gensen und 1968 Winrich Schwellnus. Auf dem Odenberg weisen einige Ton-scherben vom südöstlichen spornartigen Ende auf eine Siedlung hin.

Die erwähnte Siedlung bei Lohra befand sich auf einem Sporn, der auf drei Seiten steil abfiel und die Siedler vor Angriffen bewahrte. Die zum Steinkammergrab von Lohra gehörende Siedlung wurde durch Winrich Schwellnus einen Kilometer nordöstlich des Grabes lokalisiert.

Die Höhensiedlung auf dem Plateau des Weißen Holzes bei Rimbeck war von einem mannstiefen Graben umgeben. Sie wurde 1982 durch den Prähistoriker Peter Glüsing aus Münster entdeckt.

Wo es keine Anhöhen gab, legten die Wartberg-Leute ihre Siedlungen im Flachland an. Sie waren teilweise mit Gräben, Wällen und Palisaden geschützt. Die Erforschung dieser Siedlungen ist noch nicht abgeschlossen.

Bei Calden wurde 1976 aus der Luft ein Erdwerk entdeckt, weil das Getreide auf den in den Kalkboden eingetieften und später mit Humus verfüllten ehemaligen Gräben dieser Anlage höher wuchs als in der Umgebung. Die längeren Halme warfen bei bestimmten Lichtverhältnissen Schatten und waren zudem intensiver gefärbt. Im Sommer 1988 konnte man diese Erscheinungen sogar vom Boden aus erkennen und die Anlage zum Teil vermessen. Ab 1988 wurde sie durch die Prähistoriker Irene Kappel und Dirk Raetzel-Fabian aus Kassel untersucht. Das Caldener Erdwerk ist von zwei ovalen bis kreisförmigen Gräben umgeben, die eine Fläche von etwa 480 mal 400 Metern einschließen. Damit ist es etwa so groß wie die schon erwähnte Rimbecker Anlage. Luftbilder und geophysikalische Messungen zeigten, dass der Doppelgraben an sieben Stellen durch Erdbrücken unterbrochen war. Bei Grabungen an einer dieser Unterbrechungen wurden kleine Fundamentgräben eines zweiräumigen Einbaues gefunden. Auch in den anderen Lücken im Verlauf des Grabens könnte es ähnliche Einbauten gegeben haben, welche die Funktion von Toren oder Bastionen hatten. Am ehesten hat dieser Befund Parallelen zum Erdwerk bei Urmitz, das der Michelsberger Kultur angehört. Das Caldener Erdwerk lässt sich aufgrund der in den Gräben nachgewiesenen Keramik eindeutig der Wartberg-Kultur zuweisen.

Eine weitere eindrucksvolle befestigte Siedlung der Wartberg-Kultur wurde 1989/1990 bei Wittelsberg im Ebsdorfergrund östlich von Marburg durch den Marburger Prähistoriker Lutz Fiedler untersucht. Zwei mehrere Meter breite und 3 Meter tiefe Gräben schützten dort ein 140 mal 130 Meter großes ovales Siedlungsareal vor Angreifern. Der Erdaushub aus den Gräben war zu Wällen und Bastionen aufgeschüttet. Die Wälle hatte man durch starke Pfostenreihen vor dem Abrutschen bewahrt. Die Außenfront der Umwallung ragte ursprünglich bis zu 7 Meter aus dem Grabenwerk. Innerhalb der Gräben wurden Reste von 5 bis 6 Meter breiten Langhäusern, deren Länge nicht bekannt ist, und sieben Kellergruben von jeweils 4 mal 4,50 Meter Größe festgestellt.

Vor wem sich die Wartberg-Leute zu schützen versuchten, weiß man nicht. Vielleicht kam es zeitweise zu bewaffneten Konflikten um Vieh, Vorräte und Land. Auch Frauenraub ist nicht auszuschließen. Die Erwerke hatten neben der Funktion als Festungsanlage auch den Zweck, wirtschaftliche, militärische, religiöse und politische Macht zu repräsentieren. Eine solche Anlage dürfte nach einem Konzept angelegt worden sein, das nicht allein von den Funktionen, sondern von traditionellen Weltbildern und Wertvorstellungen geprägt ist.

Nach Ansicht von Lutz Fiedler dokumentiert eine befestigte Siedlung dieser Art mit den dafür notwendigen Voraussetzungen sozialer und politischer Organisation die Ursprünge und Anfänge stadtähnlicher Siedlungen Mitteleuropas schon in der Jungsteinzeit. Für unser Geschichtbild bedeute dies ein Umdenken.

In der Wiesbadener Gegend hat man bisher keine befestigte Siedlung und kein Steinkammergrab der Wartberg-Kultur entdeckt, jedoch bescheidene Siedlungsreste. Am nächsten liegt das 6,60 Meter lange und 2,50 Meter breite Steinkammergrab von Niederzeuzheim, einem Stadtteil von Hadamar (Kreis Limburg-Weilburg). Dessen Längsseiten bestanden jeweils aus

Bild auf Seite 17:

Befestigte Siedlung aus der Zeit der Wartberg-Kultur
bei Wittelsberg im Ebsdorfer Grund östlich von Marburg
in Nordhessen.
Zwei Gräben sowie Wälle und Bastionen schützten die Bewohner
der Anlage vor Angreifern.
Die Rekonstruktion der befestigten Siedlung
basiert auf den Ausgrabungsbefunden
des Marburger Prähistorikers Lutz Fiedler.
Zeichnung: Fritz Wendler (1941–1995)
das Buch „Deutschland in der Steinzeit" (1991)
von Ernst Probst

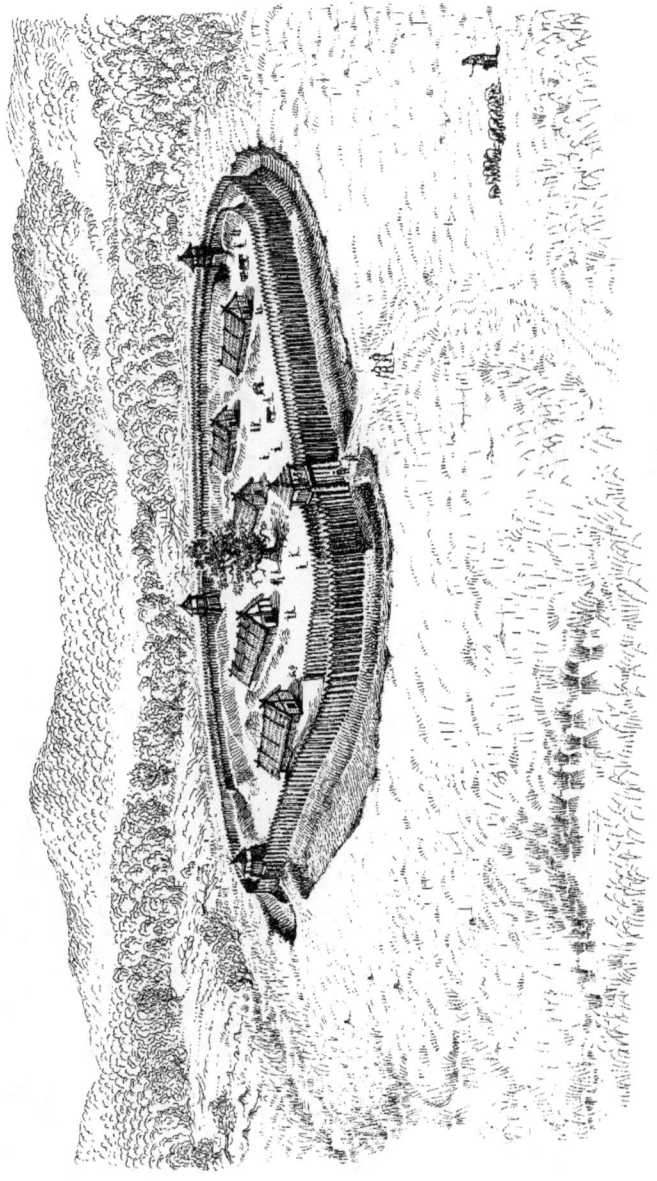

Steinkammergrab von Niederzeuzheim,
einem Stadtteil von Hadamar (Kreis Limburg-Weilburg).
Foto: Volker Thies (Asdrubal) / CC-BY-SA3.0
(via Wikimedia Commons),
lizensiert unter CreativeCommons-Lizenz by-sa-3.0-en,
https://creativecommons.org/licenses/by-sa/3.0/legalcode

vier durchschnittlich 1,80 Meter hohen und bis zu 40 Zentimeter dicken Steinplatten. Den Eingang bildeten drei unterschiedlich große Steine, als Abschluss diente ein einziger
Block. Menschliche Röhrenknochen befanden sich in einer
kleinen mit Steinen verkleideten Grube sowie an anderen Stellen. Im Grabungsschutt barg man nur ein Schieferbeil und ein
Beil aus Diabas. Über das Steinkammergrab von Hadamar-
Niederzeuzheim hat 1955 der Wiesbadener Archäologe Helmut
Schoppa (1907–1980) in den Publikationen „Nassauische Hei-
matblätter" (Bodendenkmäler in Nassau V) und „Germania"
berichtet.

Spärliche mutmaßliche Siedlungsreste der Wartberg-Kultur
kennt man aus dem Waldstück „Wiesbaden-Hebenkies". Dabei
handelt es sich nur um Keramikfragmente und nicht um
Pfostenlöcher, Hölzer und Hüttenlehm einer ehemaligen
Behausung, geschweige denn von einer befestigten Siedlung
mit Graben, Wall und Palisade. Tonscherben kamen bei
Nachgrabungen zwischen 1975 und 1977 unter einem bereits
im Dezember 1817 von dem Kurgast Wilhelm Dorow (1790–
1845) untersuchten Grabhügel der jüngeren Schnur-kera-
mischen Kulturen zum Vorschein. Bis dahin hatte der Hügel
die Siedlungsschicht geschützt. In der Siedlungsschicht und in
der Aufschüttung des Hügels barg man bei den Nachgrabungen
zahlreiche Keramikfragmente, von denen die meisten unverziert
waren. Aus unsicherem Zusammenhang stammen elf verzierte
Scherben. Davon sind neun Scherben mit schräggestellten,
länglichen Einstichreihen verziert und gehörten möglicherweise
zu einem einzigen Tongefäß. Diese neun Scherben befanden
sich entweder in der Hügelschüttung oder in einer Störung
derselben. Aus der Hügelschüttung könnten auch zwei mit
Fischgrätenmuster verzierte Scherben von einer mutmaßlichen
Amphore sein. Weil zusammen mit den elf verzierten Scherben

Pfeilspitze ohne Stiel von der Fundstelle „Kastel 82"
in Mainz-Kastel (Stadtkreis Wiesbaden) in Hessen.
Foto: Dr. Bernd Steinbring, hessenARCHÄOLOGIE

keine menschlichen Skelettreste beobachtet wurden, dürfte es sich auch dabei um Siedlungs_reste handeln. Gefäßformen mit Einstichreihen wie in „Wiesbaden-Hebenkies" gelten als völlig untypische Grabbeigaben, sind jedoch aus Siedlungen bekannt. Da die Siedlungsschicht von „Wiesbaden-Hebenkies" unter einem Grabhügel der jüngeren Schnurkeramischen Kulturen liegt, muss sie älter sein als jener Hügel. Dies bedeutet, dass die Siedlungsschicht unter dem Hügel entweder den älteren Schnurkeramischen Kulturen oder der Wartberg-Kultur angehört. Weil das Waren- und Formenspektrum der unverzierten Keramik in der Siedlungsschicht unter dem Hügel mit dem der Wartberg-Kultur vergleichbar ist, deutet alles auf eine Datierung in diese Kultur hin.

2010 entdeckte der Wiesbadener Hobby-Archäologe Björn Böhm bei einer Begehung der Fundstelle „Kastel 82" mit einer Metallsonde neben einem metallenen römischen Beschlag und Schlüsselring auch eine steinerne Pfeilspitze. Der 3,8 Zentimeter lange Fund aus Silex blieb im Besitz des Entdeckers. Von der kunstfertig zurechtgeschlagenen Pfeilspitze ohne Stiel existieren Fotos. Ähnliche Pfeilspitzen gab es in der jungsteinzeitlichen Wartberg-Kultur, spekulierte der Wiesbadener Wissenschaftsautor Ernst Probst.

Die von den Wartberg-Leuten vor allem in Nordhessen und Ostwestfalen errichteten Steinkammergräber (auch Galeriegräber genannt) stellten eine bedeutende Leistung dieser Menschen dar. Sie wurden meist etwa einen Kilometer von der Siedlung entfernt angelegt. Dabei handelte es sich um Kollektivgräber, die von kleinen Gemeinschaften etwa in der Größe eines Weilers über Generationen hinweg benutzt wurden. Der Bau von diesen mindestens 6 und maximal 20 Meter langen sowie zwischen 2 und 3,50 Meter breiten Steinkammergräbern ist ohne die Verwendung von Rollen aus Baumstämmen,

Bestattung eines verstorbenen Angehörigen der Wartberg-Kultur
im Steinkammergrab von Züschen bei Fritzlar
(Schwalm-Eder-Kreis) in Nordhessen.
Der Tote wurde durch die runde Öffnung („Seelenloch")
im Türlochstein geschoben und und Inneren der Grabkammer
zur letzten Ruhe gebettet.
Zeichnung: Fritz Wendler (1941–1995)
für das Buch „Deutschland in der Steinzeit" (1991)
von Ernst Probst

Rampen, Hebebäumen oder ähnlichen Hilfsmitteln kaum denkbar. Manchmal mussten die für die Wände und die Decke der Grabkammer benötigten Steinplatten aus einigen Kilometer Entfernung herbeigeschafft werden. Dies bewerkstelligte man vermutlich durch Unterlagen von Rollen. Dabei bewegte man die schweren Lasten vielleicht nicht nur allein mit Menschenkraft, sondern auch durch den Einsatz von Rindern als Zugtiere. An der Baustelle mussten die Platten dann in die ausgehobene Grube hinabgelassen, dort standsicher aufgestellt und mit Steinplatten oder Holzbalken überdeckt werden. Zuletzt wurde die Konstruktion unter einem flachen Erdhügel verborgen.

Prähistoriker unterscheiden bei den Steinkammergräbern einen „Typ Züschen" und einen „Typ „Rimbeck". Beim Typ Züschen (benannt nach dem Steinkammergrab zwischen den Fritzlarer Ortsteilen Züschen und Lohne in Nordhessen) erfolgte der Zugang über einen Vorraum an einer Schmalseite. Beim „Typ Rimbeck" (benannt nach dem Steinkammergrab von Warburg-Rimbeck in Ostwestfalen) dagegen geschah der Zugang über einen Gang an einer Längsseite. Als Zugang in die Grabkammer diente bei Bestattungen oft ein rundes Loch in der Abschlussplatte auf einer der beiden Schmalseiten. Durch diese oft kaum einen halben Meter breite Öffnung hindurch zwängten sich bei Bestattungen die Hinterbliebenen und betteten den Verstorbenen im Innern der Grabkammer zur letzten Ruhe. Der Vorraum der Steinkammergräber war offenbar den mit der Grablegung verbundenen Opferhandlungen vorbehalten. Die runde Öffnung zwischen dem Vorraum und der Grabkammer war vielleicht als eine Art Tür gedacht, durch die Lebende und Tote kommunizieren konnten. Sie wird in Anlehnung an skandinavische Bräuche als „Seelenloch" bezeichnet.

Steinkammergrab von Züschen mit „Seelenloch"
bei Fritzlar (Schwalm-Eder-Kreis) in Nordhessen.
Foto: Athinaios in der Wikipedia auf Englisch / CC-BY-3.0
(via Wikimedia Commons),
lizensiert unter CreativeCommons-Lizenz by-3.0-de,
https://creativecommons.org/licenses/by/3.0/legalcode

Die Idee für die Errichtung derartiger Steinkammergräber mit einem „Seelenloch" stammte offenbar aus Frankreich, wo solche Gräber vor allem im Pariser Becken, aber auch in der Normandie und in der Bretagne sehr häufig anzutreffen sind. Von dort aus gelangte die Kenntnis dieser Grabform in verschiedenen Varianten nach Hessen, Westfalen mit Ausläufern nach Südniedersachsen und Mitteldeutschland. Die aus Nordhessen bekannten Steinkammergräber bzw. Galeriegräber ähneln meist der im Pariser Becken vorkommenden Grabform.

Im berühmten Steinkammergrab zwischen den Fritzlarer Stadtteilen Züschen und Lohne haben vermutlich die Bewohner der Höhensiedlung auf dem Hasenberg ihre Verstorbenen bestattet. Das Steinkammergrab von Züschen befindet sich auf einem leicht ansteigenden Hang in der Flur „Engelshecke" östlich von Züschen. Auf der gegenüberliegenden Talseite erstreckte sich ehedem die Siedlung auf dem Hasenberg. Die Längsachse des Grabes weist auf den etwa fünf Kilometer entfernten Fundort Wartberg hin. Ob diese Ausrichtung zufällig oder bewusst erfolgte, ist ungewiss.

Das Züschener Steinkammergrab ist etwa 20 Meter lang, 3,50 Meter breit und in den Boden eingetieft. Die Grabkammer wurde aus Sandstein errichtet, der ungefähr einen Kilometer entfernt im Norden oder im Süden zu finden ist. Jede der beiden Längsseiten umfasste einst ein Dutzend Steine. Die beiden Schmalseiten hat man jeweils mit einer einzigen Platte abgeschlossen. Eine dieser Abschlussplatten enthält eine etwa 50 Zentimeter kreisrunde Öffnung, das „Seelenloch". Die eigentliche Grabkammer hat die Innenmaße von 16,50 mal 2,50 Metern. Vor der Platte mit dem „Seelenloch" lag ein kleiner, etwa 2,50 Meter langer Vorraum, dessen Lehmboden festgestampft ist.

Rinderdarstellungen im Steinkammergrab von Züschen
bei Fritzlar in Nordhessen.
Foto: Einsamer Schütze / CC-BY-SA3.0 (via Wikimedia Commons),
lizensiert unter CreativeCommons-Lizenz by-sa-3.0-de,
https://creativecommons.org/licenses/by-sa/3.0/legalcode

*Tannenzweig-Muster im Steinkammergrab von Züschen
bei Fritzlar in Nordhessen.*
*Foto: Einsamer Schütze / CC-BY-SA3.0 (via Wikimedia Commons),
lizensiert unter CreativeCommons-Lizenz by-sa-3.0-de,
https://creativecommons.org/licenses/by-sa/3.0/legalcode*

In der Grabkammer entdeckte man zahlreiche menschliche Skelettreste, welche auf die Ausgräber den Eindruck machten, als hätte man sie durcheinander geworfen. Insgesamt fand man am Boden der Grabkammer die Reste von mindestens 27 Toten. Ursprünglich muss die Zahl der dort Bestatteten noch viel größer gewesen sein, weil auch der über dem Boden liegende Schutt viele Menschenknochen enthielt. Es hat den Anschein, als seien die Toten meist mit den Füßen voran und mit dem Kopf zum Eingang hin in mehreren Schichten übereinander gelegt worden.

Nach den Funden im Züschener Steinkammergrab zu schließen, haben die Wartberg-Leute ihre Toten nur mit wenig Beigaben versehen. Man barg lediglich spärliche Keramikreste (darunter eine Tasse und eine Kragenflasche), einige aus Feuerstein angefertigte Messerklingen und Sicheleinsätze, kleine trapezförmige Beile aus Wiedaer Schiefer, einen Meißel, eine Spitze und eine Pfeilspitze aus Knochen sowie Tierknochen vor allem vom Rind, die wohl Reste von Fleischbeigaben waren. Auch in der kleinen Vorratskammer entdeckte man einige Funde. Dabei dürfte es sich um Opfergaben oder um Überreste der Totenfeiern handeln, von denen auch mehrere Brandplätze zeugen.

Die Entdeckungsgeschichte des Züschener Steinkammergrabes begann, als der Müller Schmalz aus Züschen, der Besitzer des Ackers, unter dem sich das Bauwerk befand, beim Pflügen auf eine Reihe von Sandsteinen stieß. Er wollte sie im Frühjahr 1894 entfernen, doch dazu kam es nicht, weil der Inspektor Rudolf Gelpke des Rittergutes Garvens in Züschen erkannte, dass es sich bei den Steinen um einen urgeschichtlichen Fund handelte. Ihm war das Vorkommen von Sandstein auf der Basaltkuppe ungewöhnlich erschienen. Der Inspektor überredete den Eigentümer des Ackers, die Erde an den beiden

Enden der Plattenreihe zu entfernen. Dabei kamen Tonscherben und menschliche Knochen ans Tageslicht. Danach informierte man den Rittergutsbesitzer Wilhelm von Garvens (1841–1913) aus Züschen über die Entdeckung. Letzterer benachrichtigte den Baron Felix von und zu Gilsa (1842–1916), der die Fundstelle besichtigte. Der Adlige setzte die Direktion des Kasseler Museums über die Funde in Kenntnis, worauf der Archäologe Johannes Boehlau (1861–1941) das Grab freilegte. Boehlau war von 1895 bis 1928 Direktor des „Staatlichen Museums Fridericianum" in Kassel. Als Finanzier und Helfer betätigte sich Wilhelm von Garvens. Der Prähistoriker Otto Uenze vom „Amt für Bodenaltertümer" in Marburg nahm 1939 und 1949 Nachuntersuchungen vor.

Etwa 150 Meter nordwestlich dieses berühmten Züschener Grabes wurde 1894 ein weiteres Grab zerstört vorgefunden. Es ist 12 Meter lang, 2,50 Meter breit und in den Boden eingetieft. Für die Wandsteine verwendete man Sandsteinplatten und eine Kalksteinplatte. Neben einer nicht genau bekannten Zahl von Menschenknochen barg man spärliche Keramikreste, Steingeräte und Rinderknochen.

Die Beschreibung des Züschener Steinkammergrabes sowie weiterer Gräber der Wartberg-Kultur in diesem Text stützt sich weitgehend auf eine Zusammenstellung der Kasseler Prähistorikerin Irene Kappel. Für ihre wertvolle Hilfe bei der Entstehung seines Buches „Deutschland in der Steinzeit" (1991) ist der Autor Ernst Probst sehr dankbar!

Von den nordhessischen Steinkammergräbern der Wartberg-Kultur hat das südlich von Altendorf bei Naumburg (Kreis Kassel) mit mindestens 235 Bestattungen entdeckte Grab den besten Einblick in die Bestattungssitten dieser Kulturstufe ermöglicht. Dieses Grab hatte seit etwa 1907 beim Pflügen

General a. D. und Geschichtsforscher
Gustav Eisentraut (1844–1926) aus Kassel.
Foto: Porträt vor 1926

gestört. Als der Besitzer des Ackers 1921 die Steinplatten entfernen wollte, fand er menschliche Knochen und Schädel. Er meldete seine Entdeckung, worauf der damalige Vorsitzende des „Hessischen Geschichtsvereins", General a. D. Gustav Eisentraut (1844–1926) aus Kassel und der Kasseler Bibliothekar Wilhelm Christian Lange (1857–1928) das Grab untersuchten. Weil die beiden das Alter des Fundes nicht ahnten, erlaubte man dem Bauern, die Steine zu beseitigen. Dabei kamen auch zwei Steine mit jeweils der Hälfte eines „Seelenloches" ans Tageslicht. Erst der damals in Kassel wirkende Archäologe Wilhelm Jordan (1903–1983) hat 1934 die Bedeutung des Steinkammergrabes erkannt und dessen Reste ausgegraben.

Dieses Steinkammergrab war 17 Meter lang und 2,90 Meter breit. Die Grabkammer und der Vorraum wurden durch den Türlochstein getrennt. Das „Seelenloch" darin ist nur 33 bis 37 Zentimeter breit. Wenn es tatsächlich zur Beerdigung diente, konnten sich wohl nur schmalgebaute Erwachsene oder Jugendliche hindurchzwängen. Auch der Tote durfte nicht übergewichtig sein. Den Boden hatte man stellenweise mit kleinen Kalksteinplatten gepflastert.

Der Ausgräber Wilhelm Jordan hatte bei seinen Untersuchungen das Glück, dass beim Beseitigen der Wandplatten durch den Bauern der Inhalt der Grabkammer weitgehend unzerstört blieb. Deshalb konnte er zahlreiche interessante Beobachtungen machen. Er stellte fest, dass die Verstorbenen in Rückenlage auf den Boden der Grabkammer gebettet, vielleicht mit Zweigen bedeckt und dann mit kiesigem Erdreich überdeckt worden waren. Im Laufe der Zeit hatte man eine Schicht des Grabraumes mit etwa 32 Toten belegt, acht hintereinander und vier nebeneinander. Die folgenden Bestattungen wurden teilweise zwischen die älteren gelegt, wobei

Steinkammergrab Calden I (Kreis Kassel) in Nordhessen.
Foto: Armin Schönewolf (via Wikimedia Commons),
Lizenz: gemeinfrei (Publici domain)

man sie mit Erde und Steinen bedeckte, die man in gewissem Maße älteren Gräbern entnahm, die man gelegentlich aus Platzmangel umräumen musste. Die sich dabei ansammelnden Knochen stapelte man aufeinander. Manchmal räumte man auch Schädel zur Seite, türmte einige von ihnen zu einer Pyramide auf, legte andere zu „Nestern" zusammen oder reihte sie längs der Wände auf dem Knochenlager auf. Die Schädel lagen meist mit dem Schädeldach nach unten. In allen Fällen war der Unterkiefer abgelöst, befand sich aber oft in der Nähe.

Zu Beginn der Wartberg-Kultur oder vor 3.400 v. Chr. wurde in einem kleinen Tal das außen 12,60 Meter lange und 3 Meter breite Steinkammergrab Calden I (Kreis Kassel) angelegt. Darin hat man die Toten mit dem Kopf zum Eingang liegend in bis zu vier Schichten übereinander bestattet. Die Skelettreste sollen nach Ansicht des Ausgräbers Otto Uenze von schätzungsweise 40 bis 80 Menschen stammen. Nach anderen Angaben könnte die Gesamtzahl der Bestattungen zwischen 100 und 200 gelegen haben. Häufig fand man vom Körper gelöste Schädel, die man an den Wänden aufgereiht hatte. Dieses Steinkammergrab wurde 1948 durch den Marburger Prähistoriker Otto Uenze (1905–1962) ausgegraben. Er war ab 1947 Leiter des „Staatlichen Amtes für Bodenaltertümer" in Marburg. 1988 erfolgten neue Grabungen. Ein vermutlich zu Beginn des 20. Jahrhunderts entdeckter, 4 Meter hoher, 0,60 Meter breiter und 0,60 Meter dicker Menhir ist verschollen.

Beim Verlegen einer Wasserleitung stieß man 1969 etwa einen Kilometer vom Steinkammergrab Calden I auf das außen fast 11,90 Meter lange und maximal 3,80 Meter breite Stein-kammergrab Calden II. Die lichte Höhe im Zugangsbereich betrug etwa 1,40 Meter und im hinteren Teil 1,05 Meter. Wie beim Steinkammergrab Calden I ist auch beim Steinkammergrab Calden II die Gestaltung des Zugangs unbekannt. Über der Anlage befand sich einst vermutlich ein Erdhügel. In Steinkammergrab Calden II hat man schätzungsweise insgesamt 200 Verstorben bestattet. Von 1990 bis 1992 erfolgten archäologische Untersuchungen.

Von den bisher erwähnten Steinkammergräbern aus Nordhessen unterscheidet sich das Lautariusgrab von Gudensberg (Schwalm-Eder-Kreis) durch seine Bauweise. Es wurde oberirdisch errichtet und in drei Kammern eingeteilt, wie man es aus Frankreich kennt. Dieses Grab ist 10 Meter lang und mindestens 4,50 Meter breit. Wegen seiner großen Breite nimmt man an, dass das Gudensberger Grab nicht mit riesigen Steinplatten, sondern mit Holzbalken abgedeckt war. Außer einigen verbrannten Knochensplittern blieben keine Skelettreste erhalten. Das Lautariusgrab im Forstdistrikt „Möhrchen" im Gudensberger Stadtwald wurde 1952 durch den Prähistoriker Otto Uenze (damals Assistent in Marburg) und durch den Prähistoriker Walter Kersten (1907–1944) aus Marburg untersucht. Es ist nicht bekannt, seit wann der Volksmund dieses Steinkammergrab fälschlicherweise als Lautariusgrab bezeichnet. Auch die Ableitung dieses Namens vom römischen Waldgeist Laudarius ist unsicher.

Leichenbrandreste aus dem 6 mal 3 Meter großen Steinkammergrab von Lohra (Kreis Marburg-Biedenkopf) beweisen, dass die dort bestatteten Männer, Frauen und Kinder nach ihrem Tod verbrannt worden sind. Auffälligerweise hatte man diesen Brandbestattungen reichlich Keramik mit ins Grab gegeben. Die mehr als 20 teilweise vollständig erhaltenen Gefäße standen oder lagen auf dem Boden der Grabkammer und wurden von den Überresten des Brandes umhüllt. Das

Steinkammergrab von Lohra wurde 1931 von Studenten des vorgeschichtlichen Seminars in Marburg unter der Leitung von Otto Uenze ausgegraben.

Außer den bisher aufgezählten Steinkammergräbern der Wartberg-Kultur gab es in Nordhessen weitere Gräber dieser Kulturstufe. Beispielsweise am Jettenberg bei Willingshausen, im „Rosenfeld" bei Gleichen südlich des Wartberges und im „Wehrengrund" bei Lohne östlich des Hasenberges (alle drei im Schwalm-Eder-Kreis), sowie in Beselich-Niedertiefenbach und Hadamar-Niederzeuzheim (beide Kreis Limburg-Weilburg).

Das Steinkammergrab am Jettenberg bei Willingshausen wurde 1817/1818 durch den Historiker, Staatsarchiv- und Landesbibliothekdirektor Dietrich Christoph von Rommel (1781–1859) aus Kassel freigelegt. Er gründete 1831 den „Verein für hessische Geschichte und Landeskunde".

Auf die Existenz eines Steinkammergrabes im „Rosenfeld" bei Gleichen deuten einige Funde sowie im Boden vorhandene große Steine hin. Im „Wehrengrund" bei Lohne hat 1950 ein Lehrer aus Lohne ein Steinkammergrab geöffnet. Im Steinkammergrab von Niedertiefenbach waren mindestens 177 Tote in bis zu zehn Schichten übereinander bestattet. Dieses Steinkammergrab wurde schon 1847 gesprengt. Im Herbst 1961 nahm der damals in Wiesbaden wirkende Prähistoriker Helmut Schoppa eine Ausgrabung vor. Schoppa war Leiter des „Landesamtes für Kulturgeschichtliche Bodenaltertümer und Direktor der „Sammlung Nassauischer Altertümer" in Wiesbaden. Das Steinkammergrab von Hadamar-Niederzeuzheim wurde 1953 entdeckt und 1954 durch den Leiter des „Heimatmuseums Weilburg", Karl Heymann (1886–1966) untersucht.

Rekonstruktion des 1985 in Hadamar-Oberzeuzheim
entdeckten Steinkammergrabes im Burggarten von Hachenburg
neben dem „Landschaftsmuseum Westerwald".
Foto: Karsten11 (via Wikimedia Commons),
Lizenz: gemeinfrei (Public domain)

1985 entdeckte man in Hadamar-Oberzeuzheim ein Stein-
kammergrab. Die exakte Form und die genaue Größe dieses
Grabes sind unbekannt, weil sich die Steine nicht mehr in
Originallage befanden. Ungeachtet dessen stellte man im
Burggarten von Hachenburg neben dem „Landschaftsmuseum
Westerwald" eine Rekonstruktion dieses Grabes aus Original-
steinen auf.

Nach den Keramikresten in den Steinkammergräbern der
Stadtteile Hohenwepel und Rimbeck von Warburg (Kreis
Höxter) in Westfalen zu urteilen, gehören auch diese Gräber
zur Wartberg-Kultur. Das 23 Meter lange und bis zu 3 Meter
breite Steinkammergrab von Warburg-Hohenwepel war aus
ortsfremdem Buntsandstein errichtet worden, wie er in drei-
bis viereinhalb Kilometer Entfernung vorkommt. Für die Decke
verwendete man vermutlich Holzbalken. Die Zahl der darin
Bestatteten ist unbekannt, weil nur wenige bruchstückhafte
Skelettreste geborgen werden konnten. Das Steinkammergrab
von Hohenwepel wurde 1983 beim tieferen Pflügen durch den
Landwirt Franz Welling entdeckt. Dabei stieß er auf einen
einzelnen im Acker liegenden Stein, den er freilegte. Die Mutter
des Entdeckers, Inge Welling, informierte den Heimatpfleger
ihres Wohnortes, Alfons Reddemann, in Borgentreich-
Lütgeneder, über den Fund. Letzterer benachrichtigte den
Beauftragten für Bodendenkmalpflege der Stadt Warburg,
Oberstudienrat Rudolf Bialas, und dieser unterrichtete das
„Amt für Bodendenkmalpflege", Außenstelle Bielefeld. Die
Grabungen von 1983/1984 wurden zeitweise von dem Biele-
felder Prähistoriker Klaus Günther und von seiner Mitarbeiterin
Martina Viets aus Bochum geleitet.

Im Steinkammergrab von Warburg-Rimbeck hatte man mehr
als 150 Menschen zur letzten Ruhe gebettet. Es wurde 1906/

Französischer Prähistoriker Henri Breuil (1877–1961).
Foto: Marcel G. Lefrancq (1916–1974) / CC-BY-SA3.0
(via Wikimedia Commons),
lizensiert unter CreativeCommons-Lizenz by-sa-3.0-en,
https://creativecommons.org/licenses/by-sa/3.0/legalcode

1907 durch den Berliner Prähistoriker Alfred Götze (1866–1948) untersucht.

Der aufwändige Grabbau und die merkwürdige Bestattungsart in den Steinkammergräbern der Wartberg-Kultur deuten auf komplizierte Jenseitsvorstellungen dieser Menschen hin.

Zur Religion der Wartberg-Leute könnten Fruchtbarkeitskulte gehört haben, in deren Mittelpunkt vermutlich die Sorge um das Wachstum des Getreides und das Gedeihen der Haustiere stand. Die Darstellungen von Rindern und Wagen an den Wänden des Züschener Steinkammergrabes dienten wahrscheinlich nicht nur als Schmuck, sondern spiegelten bestimmte Vorstellungen dieser Ackerbauern und Viehzüchter wider.

Das in knappster Andeutung auf einem Wandstein („Stein 2B") des Steinkammergrabes von Züschen verewigte menschliche Gesicht könnte man als Antlitz der „Dolmengöttin", „Großen Göttin" oder „Muttergöttin" deuten. Vergleichbare Motive kennt man auch in französischen Großsteingräbern, die Dolmen genannt werden. Nach Ansicht mancher Prähistoriker soll ein von Rindern gezogener Wagen das Attribut der Göttin sein. Als „Dolmengöttin" (französisch: „Déesse Mère"), „Muttergöttin" oder „Déese des Morts" („Totengöttin") bezeichnete der französische Prähistoriker Henri Breuil (1877–1961) vor allem auf der Innenseite von Tragsteinen von Megalith-Anlagen oder auf Menhiren eingeritzte Darstellungen, die meistens einen kopflosen Halbtorso zeigen. Diese Gottheit hat zwei oder mehr Brüste und meist einen mehrreihigen Halsschmuck.

Zu den eindrucksvollsten Kunstwerken der Walternienburg-Bernburger Kultur (etwa 3.200 bis 2.900 v. Chr.), die im mitteldeutschen Raum, im Havelland sowie in Teilen von Niedersachsen und Unterfranken (Bayern) existierte, gehört die

Darstellung einer „Dolmengöttin" im Großsteingrab von Langeneichstätt (Kreis Querfurt) in Sachsen-Anhalt. Dabei handelt es sich um eine mannshohe Menhirstaue aus Sandstein, die als Deckstein für ein Steinkistengrab verwendet wurde. Unter einer Menhirstatue versteht man ein Steinbildwerk oder einen Steinblock mit einfacher, oft mehr gezeichneter Wiedergabe des menschlichen Körpers.

Die aus hellgrau-gelbem Sandstein zurechtgehauene Menhirstatue aus Langeneichstätt ist 1,76 Meter lang, 34 Zentimeter breit und 254 Zentimeter dick. Auf ihrem oberen Ende wurde in mühsamer Arbeit ein stilisiertes Bild eingraviert, das als Fruchtbarkeitsgöttin interpretiert wird. Dargestellt wird diese „Dolmengöttin" als 16 Zentimeter langes und 12 Zentimeter breites Eirund mit einem 23 Zentimeter langen Stiel, der das Oval durchläuft und über den Kopf hinausragt. Deutlich sind beide Augen zu erkennen.

Die Menhirstatue aus Langeneichsätt wurde vermutlich von Angehörigen der Walternienburg-Bernburger Kultur geschaffen, die teilweise zur selben Zeit wie die Wartberg-Kultur existierte. Den Menhir verwendete man als einen der Decksteine für die 5,30 Meter lange, 1,90 Meter breite und 1,70 Meter hohe Kammer des Steinkistengrabes. Auf die Zugehörigkeit zu dieser Kultur deuten die auf Bruchstücken von Tontrommeln angebrachten typischen Verzierungen. Die Menhirstatue aus Langeneichstätt wird im „Landesmuseum für Vorgeschichte" in Halle/Saale ausgestellt.

Die vielen abstrakten Abbildungen von Rindern an den Wänden des Steinkammergrabes von Züschen bei Fritzlar belegen, wie wichtig die Haltung dieser Tiere für die Menschen der Wartberg-Kultur war. Dies wird auch durch Knochenreste von Rindern im selben Steinkammergrab dokumentiert.

Die seit 1894 bekannten Rinderdarstellungen des Züschener Steinkammergrabes in Nordhessen galten lange Zeit als die einzigen Kunstwerke der Wartberg-Kultur. Sie wurden mit Hilfe eines mehr oder weniger spitzen Steingerätes oder vielleicht sogar frühen Kupfergerätes punktförmig in die jeweilige Steinplatte eingeschlagen und zu Gruppen aneinander gereiht. Dabei hat man die Rinder und Wagen vermutlich in bestimmten zeitlichen Abständen einzeln auf den Steinplatten angebracht. Es handelte sich also nicht eigentlich um eine Gruppendarstellung oder Szene, wogegen auch manche Überschneidungen der Motive sprechen. Nicht zu klären ist der Zeitpunkt, zu dem diese Darstellungen angebracht wurden. Es kann bereits bei der Errichtung des Steinkammergrabes oder jeweils erst bei den einzelnen Bestattungen geschehen sein.

1986 hat man ein weiteres Kunstwerk der Wartberg-Kultur im Nordwesten von Warburg (Kreis Höxter) in Nordrhein-Westfalen entdeckt. Es wurde bei der Ausgrabung eines bereits weitgehend zerstörten Steinkammergrabes unter der Leitung des Prähistorikers Klaus Günther aus Bielefeld und des Studenten Dirk Krauße-Steinberger aus Kiel geborgen. Dabei handelte es sich um einen von 25 Wandsteinen der etwa 26 Meter langen und durchschnittlich 2,50 Meter breiten Steinkammer mit eingravierten Motiven. Auf der Standfläche, einer der beiden Schmalseiten und am oberen Rand der der Grabkammer zugewandten Seiten dieser 1,90 Meter breiten, 2,40 Meter langen und 0,50 Meter dicken Steinplatte wurden Wellen- und Zickzacklinien, ein kammähnliches und gabel-förmige Zeichen und ein kleiner Kreis eingepickt. Die gabel-förmigen Zeichen werden – wie in Züschen – als abstrakte Rinder gedeutet. Die Stellen, an denen diese Darstellungen angebracht sind, waren zu der Zeit, in der das Steinkammergrab

Eingepickte Zeichen auf einem der Wandsteine des
Steinkammergrabes von Warburg (Kreis Höxter)
in Nordrhein-Westfalen (von links nach rechts):
Rinder, Zickzacklinie, Rindergespann, Kammzeichen
und weitere Zickzacklinie.
Dicke der Wandsteinplatte 40 bis 50 Zentimeter.
Original im Westfälischen Museum für Archäologie, Münster.
Foto: Stefan Müller, Westfälisches Museum für Archäologie,
Amt für Bodendenkmalpflege, Münster

Prähistoriker Klaus Günther
(1932–2006).
Foto: Privatarchiv Günther

intakt war, nicht bzw. kaum zu sehen. Sie wurden also schon vor dem Transport vom mindestens zweieinhalb Kilometer entfernten Steinbruch oder unmittelbar vor der Errichtung der Grabkammer zu der Baustelle geschaffen.

Die Darstellungen im Züschener Steinkammergrab zeigen auch zweirädrige Wagen mit Deichseln, die jeweils von zwei Rindern gezogen werden. Ein derartiges Motiv befand sich in einem besonders guten Erhaltungszustand auf einem kleinen menhirartigen Stein von etwa 50 Zentimeter Höhe im Innern des Steinkammergrabes.

Der Prähistoriker Klaus Günther (1932–2006) deutete die schematischen Rinder- und Wagendarstellungen sowie die geometrischen Zeichen auf den Steinkammergräbern von Züschen und Warburg als religiöse Symbole. Sie spielten nach seiner Ansicht eine wichtige Rolle im Totenkult jener Zeit, hatten aber darüber hinaus eine das ganze Leben umfassende religiöse und kultische Bedeutung. Die Rindergespanne und Wagen an den Wänden der Gemeinschaftsgräber waren laut Günther keine bildlichen Beigaben für die Toten, sondern Attribute einer auch im Jenseits herrschenden weiblichen Gottheit, der „Dolmengöttin". Die Zeichen Kreis, Kamm und Zickzacklinie symbolisierten vermutlich Naturerscheinungen der Sonne, des Regens und des Wassers bzw. der Lebenskraft. Auch an Klaus Günther und seine wertvolle Hilfe bei der Entstehung meines Buches „Deutschland in der Steinzeit" (1991) erinnere ich mich mit großer Dankbarkeit.

Die Keramikreste in Wartberger Siedlungen lassen darauf schließen, dass die Angehörigen dieser Kultur intensive Kontakte zur Walternienburg-Bernburger Kultur in Mitteldeutschland besaßen, von der sie Anregungen erhielten, die ihrerseits aber auch von der Wartberg-Kultur beeinflusst wurde.

Außerdem bestanden Beziehungen zur Kugelamphoren-Kultur (etwa 3.100 bis 2.700 v. Chr.), zur nordwestdeutschen Trichter-becher-Kultur (etwa 4.300 bis 3.000 v. Chr.) und im Süden zur Goldberg III-Gruppe (etwa 3.500 bis 2.800 v. Chr.).

Aus einigen Steinkammergräbern der Wartberg-Kultur kennt man etliche Schmuckstücke aus unterschiedlichem Rohmaterial. Besonders beliebt waren offensichtlich Unterkieferhälften von Wild- und Haustieren, die vielleicht als Bestandteil von Amuletten dienten. Allein im Steinkammergrab von Altendorf fand man 66 Unterkieferhälften vor allem vom Fuchs, aber auch von der Wildkatze, vom Iltis, Igel, Hund und Schwein. Im selben Grab wurden außerdem insgesamt 118 durchbohrte Reißzähne von Hunden geborgen, die einzeln oder in Gruppen bis zu 14 Stück an einer Halskette hingen. Ebenfalls von dort stammen drei ringförmige Bernsteinperlen. In der Siedlung auf dem Hasenberg bei Lohne entdeckte man einen durchbohrten Bärenzahn.

Unter den Schmuckstücken von Altendorf befand sich als Seltenheit ein kupfernes Spiralröllchen, das man auf einem Kinderschädel entdeckte. In Beselich-Niedertiefenbach kamen sogar 21 Bernsteinperlen, fünf Kupferspiralen und ein kupferner Ohrring zum Vorschein.

Figurale tönerne Gefäße und plastische Tonfiguren – wie sie frühere Kulturen der Jungsteinzeit schufen – waren den Wartberg-Leuten offenbar unbekannt. Jedenfalls hat man bisher keine Spur von solchen Kunstwerken gefunden.

Hinweise auf Musikinstrumente lieferten eine Miniatur-trommel vom Wartberg und zwei Tontrommeln aus dem Steinkammergrab Calden II In der benachbarten Walter-nienburg-Bernburger Kultur waren damals mit Tierhäuten bespannte Tontrommeln keine Seltenheit.

Die Töpfer der Wartberg-Kultur haben unterschiedlich geformte Tongefäße modelliert, teilweise verziert und gebrannt. In den Siedlungen und Steinkammergräbern barg man unter anderem Henkelbecher, Tassen, Schalen mit und ohne Henkel und Füßen sowie Kragenflaschen mit rundlichem Bauch und engem Kragen. Letztere sind auch aus der nordwestdeutschen Trichterbecher-Kultur und der mitteldeutschen Walternienburg-Bernburger Kultur bekannt. In den Siedlungen und im Grab von Altendorf stieß man außerdem auf große Töpfe mit zum Teil durchlochtem Rand, der vermutlich zur Befestigung der Abdeckung mit Schnüren diente. Im Steinkammergrab von Calden barg man einen Becher mit Ösen auf der Innenseite.

Die Wartberg-Leute besaßen Werkzeug aus Feuerstein, Felsgestein, Knochen und vermutlich auch Kupfer. Aus Feuerstein wurden Klingen, Erntemesser und Beilklingen zurechtgeschlagen. Felsgestein wie Kieselschiefer, Wiedaer Schiefer oder Serpentin diente als Rohmaterial für Axt- oder Beilklingen. Letzteren gab man zunächst durch Abschlagen von kleineren Teilen die Rohform, erst dann schliff man sie zu. Aus Tierknochen fertigte man Meißel oder Spitzen zum Durchlochen von weichen Gegenständen wie beispielsweise Leder. Daneben goß und schmiedete man vielleicht schon kupferne Flachbeilklingen, die – wie Steinbeile und -äxte – mit einem Holzschaft versehen wurden. Denn vielleicht gehören verschiedene kupferne Flachbeile, die als Einzelfunde in Nordhessen zutage kamen, zur Wartberg-Kultur.

Auch die Angehörigen der Wartberg-Kultur verfügten über Pfeil und Bogen als Fernwaffe für die Jagd oder für den Kampf. Davon zeugen aus Feuerstein und teilweise auch aus Kieselschiefer zurechtgeschlagene Pfeilspitzen. Solche Bewehrungen

Funde der Wartberg-Kultur im „Regionalmuseum Fritzlar".
Foto: Einsamer Schütze / CC-BY-SA3.0 (via Wikimedia Commons),
lizensiert unter CreativeCommons-Lizenz by-sa-3.0-de,
https://creativecommons.org/licenses/by-sa/3.0/legalcode

Funde der Wartberg-Kultur im „Regionalmuseum Fritzlar".
Foto: Einsamer Schütze / CC-BY-SA3.0 (via Wikimedia Commons),
lizensiert unter CreativeCommons-Lizenz by-sa-3.0-de,
https://creativecommons.org/licenses/by-sa/3.0/legalcode

*Überdachtes Steinkammergrab zwischen den Fritzlarer Stadtteilen
Züschen und Lohne in Nordhessen.*
*Foto: Einsamer Schütze / CC-BY-SA3.0 (via Wikimedia Commons),
lizensiert unter CreativeCommons-Lizenz by-sa-3.0-de,
https://creativecommons.org/licenses/by-sa/3.0/legalcode*

von hölzernen Pfeilschäften hat man beispielsweise in der Siedlung auf dem Hasenberg bei Lohne sowie in den Steinkammergräbern von Altendorf und Calden geborgen. Diese Pfeilspitzen weisen unterschiedliche Formen auf. Teilweise waren sie zwecks besserer Befestigungsmöglichkeit am Schaft gestielt, teilweise ungestielt.

Auf Ackerbau weisen steinerne Erntemesser hin, mit denen Getreidehalme abgeschnitten wurden. Der Boden dürfte vor der Saat mit Holzpflügen, vor die man Rinder spannte, vorbereitet worden sein.

Funde der Wartberg-Kultur sind im „Hessischen Landesmuseum" in Kassel, im „Regionalmuseum Fritzlar" und im „Regionalmuseum Wolfhager Land" ausgestellt. Im „Hessischen Landesmuseum" in Kassel ist eine Nachbildung des Steinkammergrabes von Züschen" zu bewundern. Das Originalgrab befindet sich unter einem Schutzbau immer noch dort, wo es vor rund 5.000 Jahren errichtet wurde.

Der Text über die Wartberg-Kultur erschien teilweise im Buch „Deutschland in der Steinzeit" (1991), bei dem die „Deutsche Bundespost" dem Autor Ernst Probst einen bösen Streich gespielt hat. Ein Paket mit zahlreichen handschriftlichen Korrekturen einer Korrektorin und des Autors verschwand auf dem Weg zur Herstellerin in Dachau. Als der Autor bei der Post in Dachau anrief, suchte man dort nach dem Paket und fand es nicht. Das Paket traf nach Wochen wieder beim Autor in Wiesbaden ein, als das Buch aus Zeitnot bereits mit vielen ärgerlichen Fehlern gedruckt war. Als der Autor erneut reklamierte, behauptete man bei der Post in Dachau, man hätte das Paket bei der Herstellerin nicht abliefern können. Deshalb habe man eine Benachrichtigung in ihren Briefkasten geworfen. Die Herstellerin hat aber keine solche Benachrichtung erhalten.

Autor Ernst Probst,
Foto: Klaus Benz, Fotograf, Mainz-Laubenheim

Der Autor

Ernst Probst, geboren am 20. Januar 1946 in Neunburg vorm Wald im bayerischen Regierungsbezirk Oberpfalz, ist Journalist und Wissenschaftsautor. Er arbeitete von 1968 bis 1971 bei den „Nürnberger Nachrichten", von 1971 bis 1973 in der Zentralredaktion des „Ring Nordbayerischer Tageszeitungen" in Bayreuth und von 1973 bis 2001 bei der „Allgemeinen Zeitung", Mainz. In seiner Freizeit schrieb er Artikel für die „Frankfurter Allgemeine Zeitung", „Süddeutsche Zeitung", „Die Welt", „Frankfurter Rundschau", „Neue Zürcher Zeitung", „Tages-Anzeiger", Zürich, „Salzburger Nachrichten", „Die Zeit", „Rheinischer Merkur", „Deutsches Allgemeines Sonntagsblatt", „bild der wissenschaft", „kosmos", „Deutsche Presse-Agentur" (dpa), „Associated Press" (AP) und den „Deutschen Forschungsdienst" (df). Aus seiner Feder stammen die Bücher „Deutschland in der Urzeit" (1986), „Deutschland in der Steinzeit" (1991), „Rekorde der Urzeit" (1992), „Dinosaurier in Deutschland" (1993 zusammen mit Raymund Windolf) und „Deutschland in der Bronzezeit" (1996). Von 2001 bis 2006 betätigte sich Ernst Probst als Buchverleger sowie zeitweise als internationaler Fossilienhändler und Antiquitätenhändler. Insgesamt veröffentlichte er mehr als 300 Bücher, Taschenbücher, Broschüren und über 300 E-Books.

Bücher von Ernst Probst

(Auswahl)

Als Mainz im Meer lag
Als Mainz noch nicht am Rhein lag
Das Mammut- Mit Zeichnungen von Shuhei Tamura
Der Europäische Jaguar
Der Mosbacher Löwe. Die riesige Raubkatze aus
Wiesbaden
Der Rhein-Elefant. Das Schreckenstier von Eppelsheim
Der Ur-Rhein. Rheinhessen vor zehn Millionen Jahren
Deutschland im Eiszeitalter
Deutschland in der Frühbronzezeit
Deutschland in der Mittelbronzezeit
Deutschland in der Spätbronzezeit
Die Aunjetitzer Kultur in Deutschland
Die Straubinger Kultur in Deutschland
Die Singener Gruppe
Die Arbon-Kultur in Deutschland
Die Ries-Gruppe und die Neckar-Gruppe
Die Adlerberg-Kultur
Der Sögel-Wohlde-Kreis
Die nordische Bronzezeit in Deutschland
Die Hügelgräber-Kultur in Deutschland
Die ältere Bronzezeit in Nordrhein-Westfalen
Die Bronzezeit in der Lüneburger Heide
Die Stader Gruppe
Die Oldenburg-emsländische Gruppe
Die Urnenfelder-Kultur in Deutschland

Die ältere Niederrheinische Grabhügel-Kultur
Die Unstrut-Gruppe
Die Helmsdorfer Gruppe
Die Saalemündungs-Gruppe
Die Lausitzer Kultur in Deutschland
Die Dolchzahnkatze Megantereon
Die Dolchzahnkatze Smilodon
Die Säbelzahnkatze Homotherium
Die Säbelzahnkatze Machairodus
Die Schweiz in der Frühbronzezeit
Die Rhône-Kultur in der Westschweiz
Die Arbon-Kultur in der Schweiz
Die Schweiz in der Mittelbronzezeit
Die Schweiz in der Spätbronzezeit
Dinosaurier von A bis K. Von Abelisaurus bis zu
Kritosaurus
Dinosaurier von L bis Z. Von Labocania bis zu
Zupaysaurus
Der rätselhafte Spinosaurus. Leben und Werk des Forschers
Ernst Stromer von Reichenbach
Eiszeitliche Geparde in Deutschland
Eiszeitliche Leoparden in Deutschland
Höhlenlöwen. Raubkatzen im Eiszeitalter
Hermann von Meyer. Der große Naturforscher aus
Frankfurt am Main
Johann Jakob Kaup. Der große Naturforscher aus
Darmstadt
Krallentiere am Ur-Rhein
Neues vom Ur-Rhein. Interview mit dem Geologen und
Paläontologen Dr. Jens Sommer
Österreich in der Frühbronzezeit

Österreich in der Mittelbronzezeit
Österreich in der Spätbronzezeit
Raub-Dinosaurier von A bis Z. Mit Zeichnungen von
Dmitry Bogdanav und Nobu Tamura
Rekorde der Urmenschen. Erfindungen, Kunst und
Religion
Rekorde der Urzeit. Landschaften, Pflanzen und Tiere
Säbelzahnkatzen. Von Machairodus bis zu Smilodon
Säbelzahntiger am Ur-Rhein. Machairodus und
Paramachairodus
Was ist ein Menhir? Interview mit dem Mainzer
Archäologen Dr. Detert Zylmann
Wer ist der kleinste Dinosaurier? Interviews mit dem
Wissenschaftsautor Ernst Probst
Wer war der Stammvater der Insekten? Interview mit dem
Stuttgarter Biologen und Paläontologen Dr. Günther Bechly
6000 Jahre Kastel. Von der Steinzeit bis zum 21.
Jahrhundert
5000 Jahre Kostheim. Von der Steinzeit bis zum 21.
Jahrhundert
Kastel in der Vorzeit. Von der Jungsteinzeit bis Christi
Geburt
Kostheim in der Vorzeit. Von der Jungsteinzeit bis Christi
Geburt
Wiesbaden in der SteinzeitAnno 1.000.000. Deutschland in
der älteren Altsteinzeit
Das Protoacheuléen. Eine Kulturstufe der Altsteinzeit vor
etwa 1,2 Millionen bis 600.000 Jahren
Das Altacheuléen. Eine Kulturstufe der Altsteinzeit vor etwa
600.000 bis 350.000 Jahren
Das Jungacheuléen. Eine Kulturstufe der Altsteinzeit vor etwa
350.000 bis 150.000 Jahren

Das Spätacheuléen. Eine Kulturstufe der Altsteinzeit vor etwa 150.000 bis 100.000 Jahren

Die Lanze von Lehringen. Ein Jahrhundertfund aus der Altsteinzeit

Das Moustérien – Die große Zeit der Neanderthaler

Das Aurignacien. Eine Kulturstufe der Altsteinzeit vor etwa 40.000 bis 31.000 Jahren

Das Gravettien. Eine Kulturstufe der Altsteinzeit vor etwa 35.000 bis 24.000 Jahren

Das Magdalénien. Die Blütezeit der Rentierjäger vor etwa 18.000 bis 14.000 Jahren

Die Hamburger Kultur. Eine Kulturstufe der Altsteinzeit vor etwa 15.700 bis 14.200 Jahren

Die Federmesser-Gruppen. Eine Kulturstufe der Altsteinzeit vor etwa 14.000 bis 12.800 Jahren

Das Steinzeit-Grab von Bonn-Oberkassel. Ein rätselhafter Fund aus der Zeit der Federmesser-Gruppen

Die Ahrensburger Kultur. Eine Kulturstufe der Altsteinzeit vor etwa 12.700 bis 11.650 Jahren

Die Altsteinzeit in Österreich., Jäger und Sammler vor 250.000 bis 10.000 Jahren

Das Jungacheuléen in Österreich

Das Moustérien in Österreich

Das Aurignacien in Österreich

Das Gravettien in Österreich

Das Magdalénien in Österreich

Das Magdalénien in der Schweiz

Die Mittelsteinzeit

Deutschland in der Mittelsteinzeit

Die Mittelsteinzeit in Baden-Württemberg

Die Mittelsteinzeit in Bayern

Die Mittelsteinzeit in Rheinland-Pfalz

Die Salzmünder Kultur. Eine Kultur der Jungsteinzeit vor etwa 3.700 bis 3.200 v. Chr.

Die Chamer Gruppe. Eine Kulturstufe der Jungsteinzeit vor etwa 3.500 bis 2.800 v. Chr.

Die Wartberg-Kultur. Eine Kultur der Jungsteinzeit vor etwa 3.500 bis 2.800 v. Chr.

Die Walternienburg-Bernburger Kultur. Eine Kultur der Jungsteinzeit vor etwa 3.200 bis 2.800 v. Chr.

Die Kugelamphoren-Kultur. Eine Kultur der Jungsteinzeit vor etwa 3.100 bis 2.700 v. Chr.

Die Schnurkeramischen Kulturen. Kulturen der Jungsteinzeit von etwa 2.800 bis 2.400 v. Chr.

Die Einzelgrab-Kultur. Eine Kultur der Jungsteinzeit vor etwa 2.800 bis 2.300 v. Chr.

Die Schönfelder Kultur. Eine Kultur der Jungsteinzeit vor etwa 2.800 bis 2.200 v. Chr.

Die Glockenbecher-Kultur. Eine Kultur der Jungsteinzeit vor etwa 2.500 bis 2.200 v. Chr.

Die ersten Bauern in Österreich. Die Linienbandkeramische Kultur vor etwa 5.500 bis 4.900 v. Chr.

Die Lengyel-Kultur in Österreich. Eine Kultur der Jungsteinzeit vor etwa 4.900 bis 4.400 v. Chr.

Die Mondsee-Gruppe. Eine Kulturstufe der Jungsteinzeit vor etwa 3.700 bis 2.900 v. Chr.

Die Badener Kultur in Österreich. Eine Kultur der Jungsteinzeit vor etwa 3.600 bis 2.900 v. Chr.

Die ersten Pfahlbauten in der Schweiz. Die Anfänge der Pfahlbauforschung und die Egolzwiler Kultur

Die Cortaillod-Kultur. Eine Kultur der Jungsteinzeit vor etwa 4.000 bis 3.500 v. Chr.

Die Pfyner Kultur in der Schweiz. Eine Kultur der
Jungsteinzeit vor etwa 4.000 bis 3.500 v. Chr.
Die Horgener Kultur in der Schweiz. Eine Kultur der
Jungsteinzeit vor etwa 3.500 bis 2.800 v. Chr.
Die Schnurkeramiker in der Schweiz. Eine Kultur der
Jungsteinzeit vor etwa 2.800 bis 2.400 v. Chr.

www.ingramcontent.com/pod-product-compliance
Lightning Source LLC
Chambersburg PA
CBHW072249170526
45158CB00003BA/1038